チャットGPT時代の
小学生の必読本！

プログラムの

基本を知ることで

考える力

が身につく

JN081157

すわべ しんいち

この本で習得できること

チャットGPTなどの生成AIが一般化した世の中を生きるには

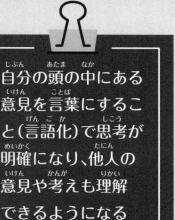

自分の頭の中にある意見を言葉にすること（言語化）で思考が明確になり、他人の意見や考えも理解できるようになる

AIが出した結論を検証し、必要に応じて修正する能力を養う

情報をそのまま信じず、疑問をもつことで、情報について考える能力が身に付く。また、複数の情報源を参照することで、偏見や誤情報を避ける

情報が氾濫しているいま、得られた情報が本当に正しいのかを確認したり、見分けたり、判断する能力を養う

小学生からプログラムの知識を身につけることが必須

AI（人工知能）は、過去の膨大なデータから予測や決断をすることは得意だが、未来を創造するには人間の発想力が必要不可欠。AIが一般化した世の中を生き抜くには、「想像力」「課題解決力」などを養うことが重要

本書で習う
プログラムの基本

- 代入
- 変数
- 条件分岐
- ループ
- 関数
- クラス

もくじ

令和の大泥棒「怪盗バグ」からの予告状に挑む名探偵パソコン・ホームズによる謎解き劇。

チャット警部やワトソンといった登場人物と一緒に謎を解きながら読み進めるだけで、自然にプログラムの基本が理解でき、考える力が身につく。

パソコン・ホームズ
と
チャット警部
の
事件簿

第1章

暗号文を使って二の謎を解く

みなさんは、プログラム探偵をご存じだろうか？

　プログラムの知識を活かし、数々の難事件を解決してきた、謎のプログラマーである。

　誰も彼の姿を見たことはなく、年齢もわからない。だからか、彼のことを『パソコン・ホームズ』と呼ぶようになった。

　パソコンを介してしか、彼とやり取りができないからである。

プログラムの知識で事件を解決

パソコン・ホームズ

　もちろん『ホームズ』の名は、名探偵シャーロック・ホームズを真似たものだが、助手の名が『ワトソン』というのもこの名がついた理由のひとつであろう。

若くて
美人の女性と
いうウワサ

ワトソン

そしてこれもミステリーのお決まりなのだが、何かとプログラム探偵のホームズに助けを求めてくる警部がいる。六番町警部だ。

ただ、誰も彼のことを六番町警部とは呼ばず、『チャット警部』とあだ名で呼んでいる。いつもタブレット型パソコンを持ち歩き、チャット機能でホームズとやり取りしながら事件を解決しているからだ。

自慢の
タブレット型
パソコン

今日もホームズの天敵、『怪盗バグ』から届いた予告状をホームズに知らせるべくチャットで呼び出しているの

チャット警部

9

怪盗バグ

だが、まったく反応がないため、かなりイライラしている。

　ちなみに怪盗バグは令和の大泥棒で、怪盗アルセーヌ・ルパンの遠〜〜い子孫だと自分では名乗っているが、真実は定かでない。

　しかし狙った獲物は確実に奪うため、あながち嘘とも言い難い。だからこそ、チャット警部がこんなにも焦っているのだ。

警部「ホームズのヤツ、一体何をしているんだ！きっと、優雅にモーニングコーヒーでも飲んでいるに違いない」

　一方、ホームズ探偵事務所で、大きなくしゃみをしているのが、プログラム探偵のホームズである。彼の居場所はチャット警部はもちろん、誰も知らないのだ。

ホームズ「寒気がしたような……」

　さすがはホームズ。先ほどからチャット警部がタブレットパソコンの画面をにらみつけながら、ホームズが画面に登場するのを、いまかいまかと待ち続けていることを、察知したに違いない。

ワトソン「ホームズさん、風邪ですか？」
ホームズ「いや、警部が何か伝えようとしているときの悪寒だと思います。パソコンを立ち上げてもらえますか」

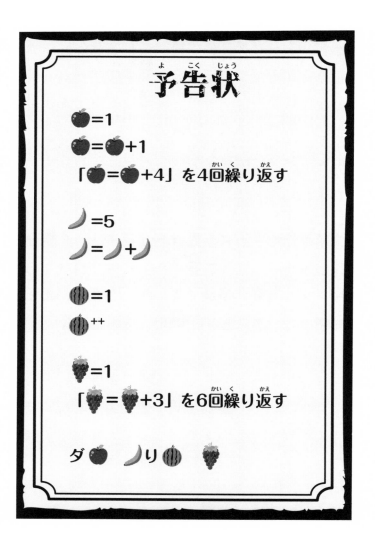

予告状

🍎=1

🍎=🍎+1

「🍎=🍎+4」を4回繰り返す

🍌=5

🍌=🍌+🍌

🍉=1

🍉++

🍇=1

「🍇=🍇+3」を6回繰り返す

ダ🍎 🍌り🍉 🍇

警部「お〜、やっとつながったか！　私宛てにこんな予告状が届いたんじゃ。見てくれ」

　封筒に入っていた予告状には、警察しか知りえない怪盗バグのマークがあったことから、本物だと断定。捜査が開始されたのだった。

ワトソン「何かの暗号ですかね……」

ホームズ「暗号というより、これはプログラムですね……私への挑戦状といったところでしょう」

警部「そもそも、これって正しいのか？

$$🍎 = 1$$

ということは、

$$🍎 = 🍎 + 1 　は、$$

$$1 = 1 + 1 　となるわけで$$

算数としては、間違っていると思うのだが……」

ホームズ「たしかに算数で『＝』は、左辺と右辺が『同じ』を意味するイコールですよね」

たとえば、算数で 🍎 ＝ 1 は、こんなイメージ。

ホームズ「しかし**プログラムの世界**で『＝』は、**左辺と右辺が『同じ』を意味するイコールではなく、『代入』を意味する**んです」

警部「算数とプログラムでは、『＝』の意味が違うというのか？　そもそも代入が何なのか、わかりやすく教えてくれないか」

ホームズ「**代入とは、右辺の値を、左辺に入れる**

という意味です。そのため  ＝ 1 も、右辺の１の
値を、左辺の『変数』の  に入れるという意味に
なります」

『代入』に続いて、『変数』まで登場し、ますます
わけがわからないといった感じの二人だ。

ワトソン「そもそも変数って何ですか？」
ホームズ「**変数は、何でも入る箱**だと思ってくだ
さい。 ＝ 1 は、 と
いう名前の箱に、１を入
れるところを想像すると
わかりやすいと思います」
警部「 ＝  ＋ 1 は、ど
うなるんじゃ？」
ホームズ「 の箱に、
追加で１を入れるイメー

変数  は、 の名前が
付いた箱のようなもの

ジになりますね」

もともと1が入っていた
🍎の箱に、新しく1を入
れるイメージ

ワトソン「ということは、🍎の値が2に変わった
ということですね！」
ホームズ「ワトソンさん、正解です！」
警部「同じ箱が左右に出てくると、わけがわから
なくなるなぁ……」

　警部はまだ、代入と変数の考え方がわからず、
頭がごちゃごちゃになっているらしい。

ワトソン「それなら変数の🍎を、警部の大好きな預金通帳に置き換えて考えたらどうですか？

『🍎＝1』は、新しい預金通帳に1円を預けたことを意味します。この場合、預金通帳の残高は1円になりますよね」

警部「なるほど……『🍎＝🍎＋1』は、🍎の預金通帳に、再び1円を預けたってことじゃな」

ワトソン「そうです。そして左辺の🍎が、預金通帳の新しい残高を表しているのです」

警部「つまり2円ってことじゃ」

🍎　普通預金		
ご出金金額	ご入金金額	お預かり残高
	￥1	￥1
	￥1	￥2

ホームズ「では、続けます。『「🍎＝🍎＋4」を4回繰り返す』と、最終的にどうなりますか？」

警部「<u>プログラムで『繰り返す』という言葉は、</u>

17

同じ作業を指定された回数だけ行う、という意味で大丈夫なのかな？」

　　警部の考え方は正しかった。このように、**ある一定の作業を繰り返すことを、プログラムの世界では『ループ』と呼んでいる。**

ワトソン「残高が２円の通帳に４円を預けるから……１回目の残高は６円ってことになるわね」
警部「それを４回繰り返すってことは……

１回目の残高：　2＋4で　　6円 → 🍎 の値は　6
２回目の残高：　6＋4で　10円 → 🍎 の値は 10
３回目の残高：10＋4で　14円 → 🍎 の値は 14
４回目の残高：14＋4で　18円 → 🍎 の値は 18

　　最終的に🍎 の値は18ってことじゃな」

　徐々にプログラムの仕組みがわかってきた二人は、予告状の暗号を解くことが面白くなってきたようだ。

ホームズ「その通りです。では変数 🍌 はどうなるかわかりますか？」

ワトソン「🍌 を箱でたとえると、🍌 ＝ 5 で、🍌 の箱には 5 が入っていることになるわね」

警部「つまり、『 🍌 ＝ 🍌 ＋ 🍌 』ってことは……5 ＋ 5 で10ってわけじゃな」

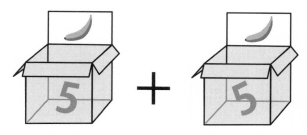

ワトソン「警部、人の答えを取らないでくださいよ〜」

少し怒った口調でワトソンは言ったが、警部は気にせず、次の暗号の解読に夢中になっていた。

警部「ところで、次の🍉＋＋は何なんじゃ？　これもプログラムなのか？」

ホームズ「これは、変数の値を1ずつ増やしたいときに使うプログラムの書き方です」

警部「1ずつ増える？　つまり、『🍉＝🍉＋1』と『🍉＋＋』は同じ意味になるのか？」

ホームズ「そういうことになりますね」

警部「ということは、最初に🍉に1を入れて、次に🍉＋＋で1増えたわけだから2ってことじゃな」

　連続正解してうれしそうな警部の表情が、パソコンの画面からも伝わってきた。

ホームズ「🍉++や🍉=🍉+1は、**数をかぞえたりするときに、プログラムでよく使われる方法**なのです」

ワトソン「プログラムが数をかぞえるんですか？」

ホームズ「たとえば、50回つくとおいしいお餅が作れるとしましょう。ようするに『杵でお餅をつく』という作業を50回繰り返すわけですが、プログラムでは次のように50回をかぞえているんです」

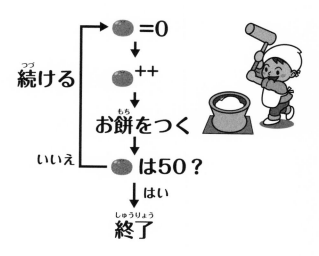

続ける

🍉=0

↓

🍉++

↓

お餅をつく

↓

🍉は50？

いいえ

はい

↓

終了

警部「プログラムも、子供が指を折って数をかぞえるのと同じようなことをしてるんじゃな」

ホームズ「では、最後の🍇は、二人で考えて謎を解いてください」

ワトソン「まずは『🍇=1』で変数🍇に1を入れてから、『🍇=🍇＋3』を6回繰り返すってことね。

1回目：　1＋3で　🍇の値は 4
2回目：　4＋3で　🍇の値は 7
3回目：　7＋3で　🍇の値は10
4回目：10＋3で　🍇の値は13
5回目：13＋3で　🍇の値は16
6回目：16＋3で　🍇の値は19

最終的に、🍇の値は19になります」

ホームズから「正解！」と言われ、うれしそう

なワトソンに対し、うかない顔のチャット警部。

警部「ますますわからなくなってきたぞ……」

ワトソン「どうしてです？　謎はすべて解けたじゃないですか！」

警部「本当にそうなのか？　🍎が18、🍌が10、🍉が２、🍇が19だというのはわかった。では、

ダ🍎　🍌り🍉　🍇

に置きかえると

ダ18　10り2　19

ということになる。これは何を意味してるんじゃ？」

ワトソン「警部の言うように『ダ18　10り2　19』の謎が残ってますね」

困っている二人の様子を楽しそうに見ているホームズ。すでに謎は解けているといった感じだ。

ホームズ「これは単純な数字の語呂合わせですよ。たとえば、『4649』で『よろしく』と読んだりしますよね」

警部「15は、イチゴじゃ！」

ホームズ「それと同じです」

警部「ということは、『ダ18』は『ダ・イチ・ハチ』で、『ダイハチ』？」

ワトソン「違いますよ～。『8』は、『やっつ』とも読むので、この場合は『ヤ』だと思います」

警部「つまり、宝石の『ダイヤ』じゃな！　よし、次の『10り2』は、ワトソン君に負けないぞ～」

　この二人、何だかんだ、ライバル心が強かった

りする。

ワトソン「『10り2』は単純に考えると、『い・れい・り・に』になるけど、これじゃ意味がわからないわ」

警部「『10』を『じゅう』と読んだらどうだ？『じゅう・り・に』になるが、これも変じゃな……」

ワトソン「あっ、警部！　『じゅう』ではなくて『とお』と読んだら、『とりに』になりますよ！」

警部「なるほど……最後の『19』は、素直に『いく』か！」

ホームズ「これは、『ダイヤ 取りに 行く』という、怪盗バグからの予告状ということになります」

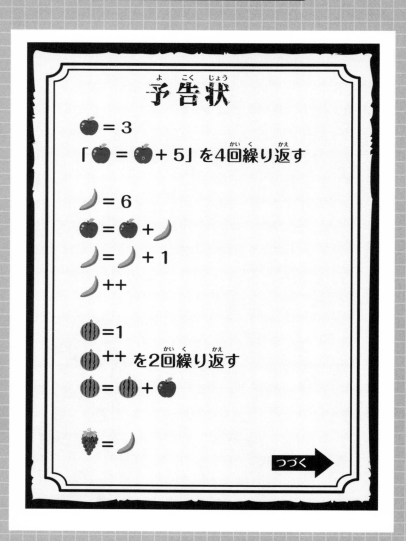

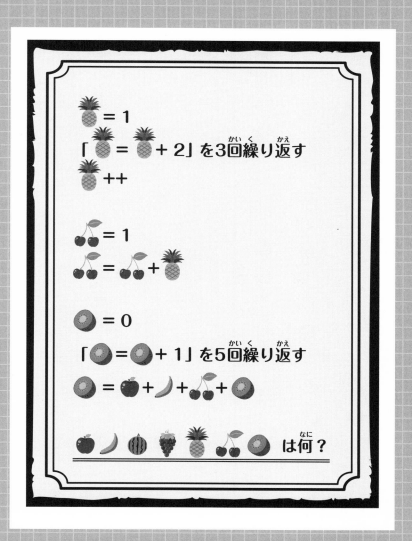

　　ここからは、解説編だ。これを読んでいるということは、すでに予告状の暗号は解けたということかね？

　　君が出した『🍎 🍌 🍉 🍇 🍍 🍒 🫐 』の答えが合っているかどうか、早速解説を始めるとしよう。

　　🍎の値は、「🍎＝３」で３が代入された。

　　次に、「🍎＝🍎＋５」を4回繰り返すと、

３＋５＝８、８＋５＝13、13＋５＝18、18＋５＝23

となり、🍎の値は23となる。

　　🍌の値は、「🍌＝６」で６が代入された。

「🍎＝🍎＋🍌」により、

🍎の値は23＋６＝29となり、**29に更新**される。

　　また、「🍌＝🍌＋1」により 6+1＝7となり、

🍌の値は7となる。

さらに、🍌＋＋により
🍌の値は1増えて<u>8に更新</u>される。

　🍉の値は、「🍉＝1」で1が代入された。
　🍉＋＋を2回繰り返すと、🍉の値が2増えるため、1＋2＝3でとなり、🍉の値は3となる。
　次に、「🍉＝🍉＋🍎」で、
🍉の値は3＋29＝32となり、<u>32に更新</u>される。

　🍌の値は8のため、🍇の値は「🍇＝🍌」により、🍌と同じ<u>8となる</u>。

　🍍の値は、「🍍＝1」で1が代入された。
「🍍＝🍍＋2」を3回繰り返すと、1＋2＝3、
3＋2＝5、5＋2＝7となり、🍍の値は7となる。
　次に、🍍＋＋により、
🍍の値は1増えて、<u>8に更新</u>される。

🍒の値は、「🍒 = 1」で1が代入された。

次に、🍒 = 🍒 + 🍍により

🍒の値は1 + 8 = 9となり、**9に更新**される。

🥝の値は、「🥝 = 0」で0が代入された。

「🥝 = 🥝 + 1」を5回繰り返すと5増えるため、

0＋5＝5となり、🥝の値は5となる。

そして、🥝 = 🍎 + 🍌 + 🍒 + 🥝により、🥝の

値は29＋ 8 ＋ 9 ＋ 5 ＝51となり、**51に更新**される。

よって、🍎 🍌 🍉 🍇 🍍 🍒 🥝は、

29、8、32、8、8、9、51　となる。

本編と同様に、数字をよく見て言葉が隠れていないか探してみてくれ。

次のページに3つのヒントがあるが、自力で答えたければ、見ないようにな。

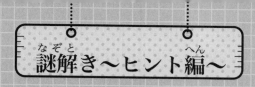

【ヒント①】

　数字を言葉に置き換えたときの区切りは、

「2983」「2」「889」「51」

【ヒント②】

「2983」は何かのお店

【ヒント③】

　そのお店の前で、予告状の差出人が待っている

　もう、わかったかな？
　では、次のページで答え合わせをしてみよう！

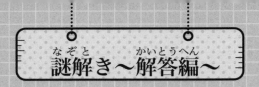

謎解き〜解答編〜

「2983」「2」「889」「51」は、
「にくやさん」「に」「はやく」「こい」と読む

つまり、予告状には、『肉屋さんに早く来い』
というメッセージが隠れていたことになる。

この謎が解けた君たちに拍手を送ろう!
でも、解けなくても大丈夫。
まだ、始まったばかりだからな。

肉屋

はやく〜

第2章

変数の力で
ダイヤを守れ！

あまりにもポカポカ陽気のため、つい眠くなりそうな午後のひとときを邪魔するかのように、ワトソンの声が鳴り響いた。

ワトソン「ホームズさん！　大変です！　怪盗バグが……怪盗バグが……」

　ワトソンが慌てた様子で部屋に飛び込んできた。

ホームズ「ワトソンさん、落ち着いて。深呼吸でもしてください。その様子から察するに、とうと

う、怪盗バグが捕まりましたか？」

ワトソン「どうしてわかるんですか？　正確には、まだ捕まってはいないみたいですけど……」

ホームズ「ふっふっふ、さすが怪盗バグですね……そう簡単には捕まりませんか……」

　チャット警部には悪いと思いながらも、なかなか捕まらない怪盗バグに笑うしかないといった様子のホームズであった。

ホームズ「変数を使った作戦は、完璧だと思ったのですが、ただ彼を追い詰めただけでしたね」

ワトソン「変数って、プログラミングに使われる箱みたいなモノでしたよね？　ただの箱が、どうしてそんなにスゴイんですか？」

ホームズ「実は変数という箱は、中に何を入れるかによって何にでも変身できてしまう万能選手な

んですよ！」

　たしかに箱があると、カードを整理したり、おもちゃを片付けたりと、何でも中に入れられるため便利だが、令和の大泥棒を追い詰められるほどスゴイとは思えない。

ホームズ「今回も、カバンを変数、カバンの中にいれる宝石をデータに見立てたトリックを、チャット警部に教えたのですが、
さすがに逮捕するまでは難しかったみたいですね」

　今回の作戦を知らされていなかったことに、すねた表情をみせるワトソン。

ホームズ「ところで、怪盗バグがあの予告状を出した真の目的をワトソンさんは気づいてましたか？」
ワトソン「ホームズさんへの挑戦じゃないんですか？」

　ワトソンの言葉にうれしそうな表情を浮かべるホームズ。

ホームズ「まあ、それもあるかもしれませんが、一番の目的は、ダイヤを別の場所に移動させることだったんです」
ワトソン「最初から移動中にダイヤを盗むつもりだったってことですか？」
ホームズ「狙われたダイヤを、どんなに厳重に保管したとしても、相手に場所を知られていたとしたら、不安になりますよね？」

たしかに隠してある場所が相手に知られていな
い方が、守る方としては安心かもしれないと、納得
した様子のワトソン。

ワトソン「怪盗バグは、予告状を出すことでダイ
ヤの保管場所が変わるだろうと読んでいたわけで
すね」
ホームズ「そういうことです。それならば逆をつ
いて、カバンに入れたダイヤを怪盗バグに盗ませ
る作戦をたてたのです」

　わざと盗ませるとは、ホームズにしか思いつか
ない作戦だが、本当に盗まれたら元も子もない。

ホームズ「次のページのように、カバンの中身を
ダイヤから発信機に入れ替えたので、たとえ盗ま
れたとしても安全です」

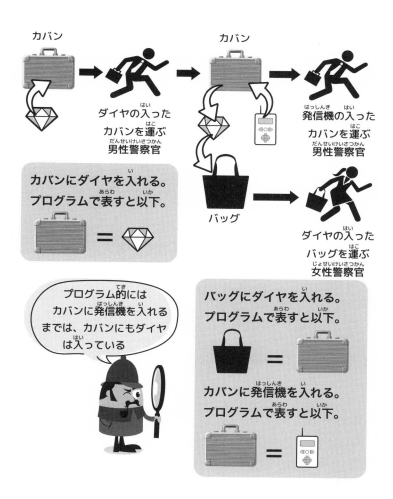

カバン

カバン

ダイヤの入った
カバンを運ぶ
男性警察官

発信機の入った
カバンを運ぶ
男性警察官

カバンにダイヤを入れる。
プログラムで表すと以下。

= ◇

バッグ

ダイヤの入った
バッグを運ぶ
女性警察官

プログラム的には
カバンに発信機を入れる
までは、カバンにもダイヤ
は入っている

バッグにダイヤを入れる。
プログラムで表すと以下。

=

カバンに発信機を入れる。
プログラムで表すと以下。

=

39

ダイヤは別のバッグに入れ替えられて、女性警察官が持っているわけなので、もともとダイヤが入っていたカバンは、怪盗バグに「盗んでください」と言っているようなものだ。

ホームズ「代入を使ったプログラムも、参考までに39ページに書いておきました」
ワトソン「この場合、カバンやバッグが変数で、ダイヤや発信機がデータを意味するわけですよね」
ホームズ「そうなります。プログラムを見てもらえるとわかりますが、ダイヤと発信機を入れ替えても、ダイヤの存在が目につくことはないんです」

　これならさすがの怪盗バグも、カバンからダイヤが消えているとは気づくまい、とワトソンは思った。

ホームズ「**プログラムでは、変数から変数に中身を直接、代入することができる**のです」

ワトソン「この場合、プログラム的にはバッグとカバンの両方にダイヤが入っている状態になるわけですね」

ホームズ「そうです。そして下のプログラムによって、カバンの中身がダイヤから発信機に入れ替わるのです」

変数に新しいデータを代入することで、はじめて中身が新しいデータに変わる。

ホームズ「でも、変数のすごいところは、もっと別のところにあるのです。その説明をする前に、フルーツジュースをお願いしてもいいですか」

　しばらくして、ジュースを持ってくるワトソン。

ホームズ「ありがとうございます。それにしてもこのリンゴジュース、とてもおいしいですね」
ワトソン「生のリンゴを搾ってジュースにしたから新鮮なんだと思います」
ホームズ「なるほど……おいしいはずです。では、ここでクイズを出してもいいですか？」

　ワトソンは、ホームズの出すクイズは好きなのだが、なかなか正解できずに悔しい思いをしている。

ホームズ「仮に、フルーツを入れると自動で搾りたてのジュースを作ってくれる機械があるとしましょう。ただし、この機械を動かすには作業してもらうモノを最初に登録する必要があります」
ワトソン「最初にリンゴと登録したら、次からはリンゴしか受け付けてくれないってことですか？」

ホームズ「そういうことになりますね。ワトソンさんがこの機械を使うとしたら、最初に何を登録しますか？」

普通なら大好きなイチゴを登録するワトソンだが、それではクイズにならないし、そもそもイチゴジュースしか作れないのなら、『不便な機械』としか言いようがない。

ワトソン「１つしか登録できなくても、いろいろなジュースを作る方法があるってことですよね」

ホームズ「さすがワトソンさん、なかなか鋭いですね」

　と、口では言っているが、答えがみつからないで苦しんでいるワトソンのことを、明らかに楽しんでいるようにみえた。

ホームズ「フルーツをスーパーで買ってくるところから考えると、わかりやすいかもしれませんね」

と言いながら、スーパーと買い物袋を持った人物を追加した図を見せるホームズ。

ワトソン「イラストに買い物袋を描くということは、もしかして、変数として買い物袋を使うってことですか？」
ホームズ「正解です。買い物袋が変数なら、スーパーで買うフルーツはデータってことになりますね」

　ホームズはパイプたばこに火を付けた。彼がこの動作をするときは、答えが正解に近づいていることを、ワトソンは知っている。

ワトソン「スーパーで買い物袋（変数）に、フルーツ（データ）を入れて（代入）、ジュースを作る機械まで、買い物袋（変数）に入れたまま運ぶってことですよね」

ホームズ「いいですね、その調子です。ただ、『最初に登録したモノしか受け付けてくれない』という点については、どうしますか？」

　ワトソンが、ちょっと自慢げに答えます。

ワトソン「せっかくスーパーで買い物袋に入れたのだから、買い物袋のまま、機械に渡せばいいんです！　機械には、『買い物袋の中身』と登録すれば解決！」

【最初に登録したモノしか受け付けない機械】

リンゴで登録してしまうと……

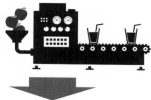

バナナは受け付けない

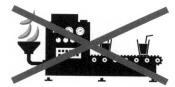

ブドウは受け付けない

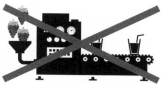

【変数で受け渡しをすれば、何でも作れる機械に変身】

袋の中身で登録

ワトソンの答えに満足そうなホームズ。
　これでホームズとのクイズ対決は、125勝132敗で、まだ少しだけワトソンが負けている。

ホームズ「このように変数を使うことで、１つの機械で、リンゴジュースでもみかんジュースでも、何でも作れるようになるのです！」

　それだけ言うと、今度はワトソンにバナナジュースを頼むホームズ。もしかしたらホームズは、バナナジュースが飲みたくて、こんな話をしたのかもしれないと、ワトソンは思った。

ホームズ「最近はワトソンさんに勝てませんね」

　口調は冷静だが、悔しそうにしているホームズの表情をワトソンは見逃さなかった。

第3章

プログラムで怪盗
バグを捕まえろ！

ワトソン「要するに巨大迷路を通らないと、怪盗バグのアジトにはたどり着かないってことですか！」

あまりにも驚きが大きすぎるからか、パソコンの向こう側にいる警部に向かって、何度も確認しているワトソン。

きっと宝くじで一等を当てた人間は、こんな感じなのかもしれない。

警部「そうなんじゃ。しかも迷路に罠があるかもしれないから、偵察用の車で迷路の様子を確認してからでないと、突入は危険なんじゃ」

じっと考え込んでいたホームズが、ようやく口

を開いた。

ホームズ「迷路だと、奥まで電波が届かない可能性もあるので、人間が無線で遠隔操作して走らせる車というよりは、自力で迷路をクリアできる自動運転の車になりますよね」

警部「そうなのじゃが……迷路の地図がないと、自動運転の車を短期間で作るのは難しいというのが、科学捜査研究所の意見なんじゃ」

　怪盗バグのアジトを突き止めたというのに、手も足も出ないとは……チャット警部のイラ立ちが、画面越しに伝わってくる。

ホームズ「警部！　確実な方法ではないですが、右手の法則を試してみましょうか」

右手の法則とは、迷路の入口に立ったら、そこから右手で壁を触りながら進むと、遠回りをしながらも、いつかは必ずゴールにたどり着くという法則である。

　しかし、迷路の形によっては失敗する可能性があるため、必ずしも成功するとはいえないのが欠点ではある。

警部「他に手がないのなら仕方ない。右手の法則を試してみてくれないか」

　この一言で、『右手の法則』通りに自動で走る車を作ることになった。
　ちなみに右手の法則で車を走らせた場合、53ページのような迷路では、点線のような動きになる。

ホームズ「ラジコンカーは、人間が無線で操作し

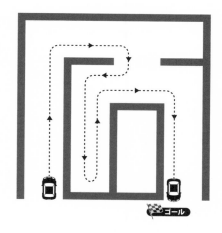

て命令することで、車を思い通りに走らせますが、自動で走る車は、どうやって車を思い通りに走らせるか、わかりますか？」

警部「そう言われてみると、我々が用意する車は、何をもって、右に曲がったり、左に曲がったりできるんじゃ？」

　警部の言葉にうなずいているワトソンも、どうやら同じようなレベルらしい。

ホームズ「では、二人にクイズを出します。『普通の掃除機とおそうじロボットの違い』は何だかわかりますか？」

ワトソン「掃除機は人が操作しないとお掃除ができないけど、おそうじロボットはスイッチを入れただけで自動でお掃除をしてくれるわ！」

ホームズ「正解！　では、どうしておそうじロボットは、誰かが操作しなくても勝手にお掃除をしてくれるんでしょう？」

ワトソン「そもそも名前に『ロボット』ってつくものは、自動で動くってことじゃないですか？」

警部「たしかに、ロボットが食事を運んできてくれるレストランもあるな！　誰もそばにいないのに、自力で動いとるぞ」

ロボットという考え方に、警部も納得したようです。

　運転手を必要とせず無人で走る『ロボットタクシー』。レストランで食事を運んでくれる『配膳ロボット』。
　この他にも『ロボットペット』など、自動で動く機械には『ロボット』という言葉が付いていることが多い。

　ホームズ「では、なぜロボットは自動で動くことができるかわかりますか？」

　立て続けに出される問いに、少々お疲れ気味の警部だが、ワトソンはホームズの相棒だけあって、これくらいのことではへこたれない。
　どうにか頑張って答えを導き出そうと必死だ。

ワトソン「ロボットの中にコンピュータが入っているから、自動で動くことができるのでは……？」

ホームズ「そういうことです。そして、**コンピュータに、どう動けばいいのか、命令を出しているのが、プログラム**なんです」

ワトソン「もしかしてプログラムがないと、コンピュータは動かないってことですか」

自動で動かすためにはプログラムが必要

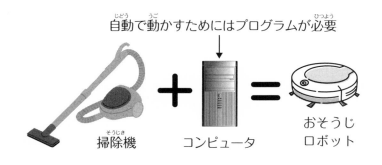

掃除機 　　　　 コンピュータ 　　　　 おそうじ
ロボット

ホームズ「そのとおり！ **自動で動く機械には、たいていコンピュータが入っています**が、コンピュータはプログラムで命令を出さないと動きません。コンピュータとプログラムは、常にセットの関係にあるんです」

警部「ゲーム機があってもゲームソフトがなければ遊べないし、スマホがあっても、アプリを入れないと何もできないのと同じってわけじゃな」

　警部の発言に満足したホームズは、パイプにゆっくり火をつけた。

ワトソン「じゃあ、自動と言いつつ、ロボットはプログラムで命令された動きしかできないってことですか？」
ホームズ「よく気が付きましたね。まさにその通りです！　つまり、ロボットに別の動きをさせたいのであれば、プログラムを変更しないといけないのです」

　二人は、ようやくホームズのやろうとしていることがわかってきたようだ。

そして、**プログラム**を書くことを『**プログラミング**』ということも学んだ。

ホームズ「偵察用の車を、右手の法則で自動で動かすには、右手の法則用のプログラムを作る必要があるのです」

　ここで、警部にある疑問が浮かんだ。
　たしかにホームズが言うように、おそうじロボットや全自動洗濯機には、あらかじめ決まった動きがメニューにセットされており、その通りにしか動かない。しかし最近の家電は、もっと賢くなっている気がしたのだ。

警部「最近は、AIスピーカーのように、コンピュータが人間みたいに考えたり学んだりできる技術もあるそうじゃないか」

ワトソン「AIですね！　特に生成AIは、絵を描いたり、チャットで質問に答えてくれたり、曲を作ったりすることもできるみたいですよ！」

ホームズ「AIは『人工知能』のことで、AIを使えば、コンピュータが学習して問題を解決できるまでになっています。これを機械学習と言います。たとえば、ねこの写真をたくさん見せて学習させると、ねこがわかるようになります」

　　プログラムで動くロボットは、あらかじめプログラムされた考え方に従って動作するため、プログラムを変更しない限り、新たな変化に対応することができない。

　　一方、AIを用いたロボットは、自分で学習し、状況に合わせてコンピュータが判断して行動し、適応できる能力があるのだ。

警部「運転手の代わりに自動で走ってくれる車の研究が進んでいるみたいじゃが、街中を走るような車は、状況によって動きが変化するから、AIでないと実現できないってわけじゃな」

ワトソン「私は、チャットGPTのような生成AIが、文章や絵を作ってしまうことに驚きを隠せないというか、AIが進化することで、私たちの生活も急速に変わっていくのかなって心配になります」

　たしかにAIが進化することで、人間の仕事がなくなってしまうことを、心配する人は多い。

ホームズ「昭和の時代は、電車に乗るほぼ全員が切符を買い、駅員さんが改札口で切符を受け取り、ハサミで切っていたんです。このように技術が進化したことで、なくなってしまった仕事は昔からあったわけです。ただ一方で、新たに生まれる仕事もあるのです」

ワトソン「AIが進化することで、誕生する仕事もあるということですか？」

ホームズ「たとえば人間が求める絵や文章を作ってくれるように、AIに適切な指示を出す人が必要になったりします」

　AIを管理したり監督したりする人が必要になるということだ。

警部「これからは、AIと共存する時代になるということじゃな」

ホームズ「それに、AIが常に正しい結論を出しているわけではないのです」

　AIはたくさんのデータから自動的に結論を出すことができるが、ホームズが言うように、AIが出した結論が常に正しいというわけではない。だからこそ、その回答が正しいのか、間違っているのかを確認し、必要に応じて修正する能力が求められる。

　特にチャットGPTは、出力される文章が読みやすいために、正しい情報の中に、一部分だけ間違いが含まれていたとしても気づきにくい。
　いまはまだ、『話しが上手い知ったかぶりの人』という認識で、得られた答えを鵜呑みにしないことが大切だ。

<ruby>第<rt>だい</rt></ruby>4<ruby>章<rt>しょう</rt></ruby>

<ruby>右手<rt>みぎて</rt></ruby>の<ruby>法則<rt>ほうそく</rt></ruby>で<ruby>動<rt>うご</rt></ruby>く
プログラムを<ruby>作<rt>つく</rt></ruby>れ

いよいよ右手の法則通りに走る偵察車用のプログラム作りが始まった。

ホームズ「偵察車を、右手の法則のルートである点線のように走らせるには、どのように命令したらいいでしょうか？」

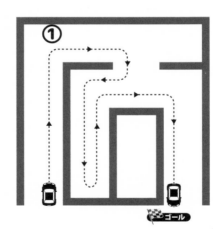

警部「まずは、『まっすぐ進め』じゃないか？　車は基本、前に進むことから始まるんじゃ」

ワトソン「それだと、①の部分で前方の壁に当たったら、動けなくなってしまうわ」

　もちろん、前に進むだけでは迷路を通り抜けられないことくらい警部もわかっている。

警部「では、『前方の壁に当たったら右に曲がる』という命令を追加すればいいんじゃ」
ホームズ「条件分岐ですね」

　ホームズの言った『条件分岐』がわからず、顔を見合わせる警部とワトソン。
　そこでホームズは、『友だちと待ち合わせをする』という例え話で、条件分岐について説明し始めた。

ホームズ「ワトソンさんが警部と待ち合わせをし

ていたとして、警部が時間通りに来たときと、遅刻して来たときとでは、ワトソンさんの行動は変わりますよね」

ワトソン「もちろんです！　相手が警部なら、時間通りにきたらほめてあげますが、遅刻したら速攻で帰ります！」

警部「おいおい、少しは待ってくれてもいいだろ？」

ワトソン「警部、甘えないでください。レディと待ち合わせをして遅れてくるなんて、私はちょっと無理ですね！」

ワトソンの迫力に、警部もタジタジといった様子だ。
こんな二人のやり取りが見たくて、ホームズはわざと、二人を

題材にした例え話にしたのかもしれない。

ホームズ「この例え話では、警部の到着時間が条件になっているわけです。そして、時間通りに来た場合と遅れて来た場合で、その後のワトソンさんの行動が変わるわけです」

警部「時間通りなら天国だが、遅れたら地獄ってことだな」

　本気で怖がっている警部を、パソコン越しに楽しんでいるホームズ。

ホームズ「このように、条件の結果によって、その後の行動が変わることを『条件分岐』といいます」

警部「車の話に戻ると、『前方の壁に当たる』が条件で、当たらなかったらそのまままっすぐ、当た

ったら右に曲がるというように、その後の行動が変わるわけじゃな」

ホームズ「図にまとめると、このようになります」

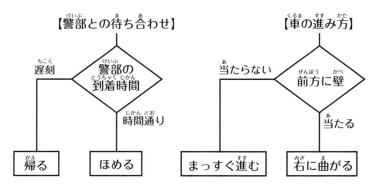

　ホームズの条件分岐の図と迷路を見比べていたワトソンが、ある重大なミスに気付いた。

ワトソン「警部の考えだと、車は②の部分で曲がらず、まっすぐ進んでしまいますよね」

警部「たしかに、右に曲がる条件が『前方の壁に当たるか当たらないか』だけだと、前方に壁のな

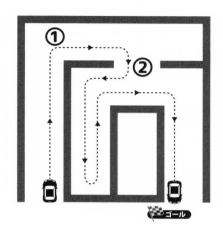

ゴール

い②の部分を曲がることはできないな……」

ホームズ「二人ともいいところに気付きましたね。目を閉じて、想像してみてください。壁から右手が離れないように歩いたとして、①の地点でも前方の壁に当たったから右に曲がったわけでは、ありませんよね」

　　右手の法則で迷路を歩いているシーンを想像す

る警部とワトソン。

ワトソン「言われてみれば、壁に当たったから右に曲がったのではなく、右側の壁がなくなったから、右に曲がったという方が正しいですね」

警部「それなら条件分岐の条件を、『右側に壁があるか、ないか』にすればどうじゃな？」

ワトソン「右側に壁がなければ右に曲がり、右側に壁があれば直進ですね！」

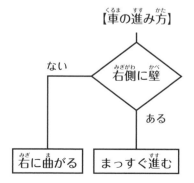

【車の進み方】

右側に壁

ない

ある

右に曲がる

まっすぐ進む

ホームズ「ただこの考えだと、下図の③の地点で前にも右にも進めなくなってしまいますよね」

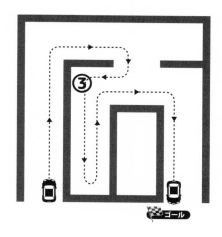

　右手の法則をプログラミングするには、まだ何かが足りないようである。

ホームズ「1つ目の命令は『右側に壁がなければ右に曲がり、右側に壁があれば直進する』でした。命令は1つだけではなく、2つ目、3つ目と、どん

どん増やしていけばいいのです」

ワトソン「それでは、『右側にも前方にも壁がある
ときは、左に曲がる』の命令を追加しましょう」

命令1. 右側に壁がないときは右に曲がり、右側
　　　　に壁があるときは直進せよ！

命令2. 右側と前方に壁があるときは、左に曲が
　　　　れ！

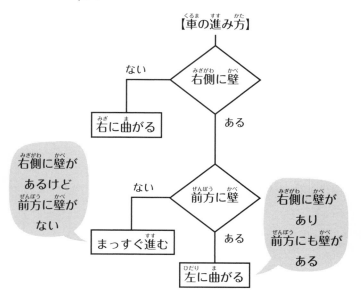

ホームズ「図に書くと、前のページのようになります」

警部「だんだん難しくなってきたぞ……ただ、これだと④のところで、車は止まってしまうな……」

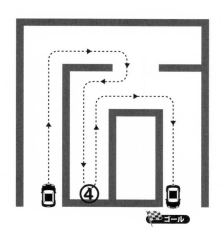

ワトソン「左にも行けないパターンですよね……」

警部「３つ目の命令は、『右側と前方と左側のすべてに壁があるときは、半回転して戻れ！』じゃな」

ホームズ「図に書くと、次のようになります」

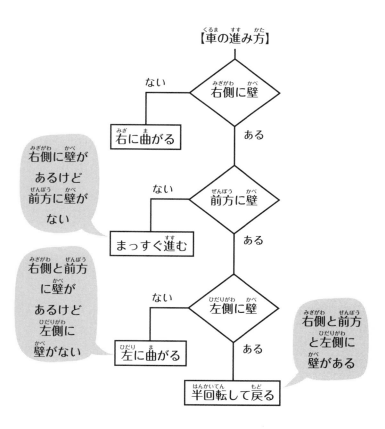

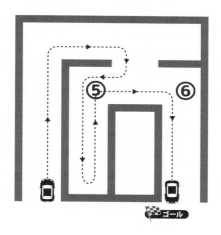

ワトソン「残りの⑤と⑥は、『右側に壁がないときは右に曲がり、右側に壁があるときは直進せよ！』の【命令１】で、ゴールまで行けそうですね」

警部「右手の法則が使える迷路の場合は、たった３つの命令だけでゴールまで行けてしまうってことか？」

警察が諦めた迷路の自動運転が、わずか３つの命

令をプログラムに伝えるだけで解決してしまったことに、警部は不思議でしかたなかった。

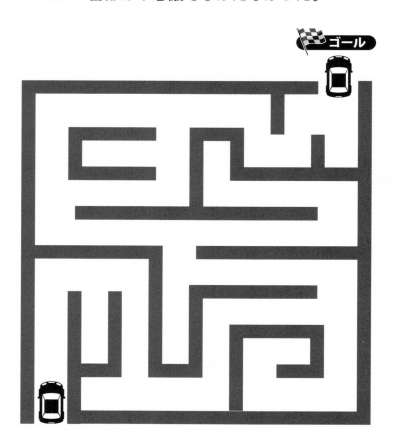

ホームズ「では、もう少し複雑な迷路でも試して
みましょう。無事に通過できるか、二人で挑戦し
てみてください」

　そう言うと、76ページの迷路を二人に見せた。

警部「たしかに今度の迷路は複雑じゃのう……ま
ずは、どうすればいいんじゃ？」
ホームズ「この迷路が、右手の法則でクリアでき
るか調べる必要があります。そこで、75ページの
迷路の点線のように、右手の法則で進む道を鉛筆
で書いてください」

　時間はかかったが、警部もワトソンもできたよ
うだ。

警部「どうやらこの迷路も右手の法則でクリアで

きそうじゃぞ？」

　警部の答えに、ワトソンもうなづいている。

ホームズ「では、３つの命令だけで書いた線通り
に車が動くかどうか、曲がり角ごとに命令の番号
をつけてください」

命令1. 右側に壁がないときは右に曲がり、右
　　　側に壁があるときは直進せよ！
命令2. 右側と前方に壁があるときは、左に曲
　　　がれ！
命令3. 右側と前方と左側のすべてに壁があ
　　　るときは、半回転して戻れ！

ホームズ「たとえば、右側に壁がなくて右に曲が
ったのなら、『1』の番号をつけます（正解は80ペ

ージ）」

　二人の作業が終わり、車は右手の法則通りに走ることが確認できた。

警部「複雑そうに見えても、条件の結果によってその後の行動が変わる『条件分岐』を使えば、右手の法則通りに走る車のプログラムはできてしまうんじゃな」

ホームズ「プログラミングは、積み木に似ているかもしれません。たとえば積み木で作ったお城があったとします。どんなに立派なお城でも、積み木で作られている以上、単純な形の小さな積み木が寄せ集まってできているのです。

これと同じで、プログラムでは物事を細かく分解
して考える力が大切になります」

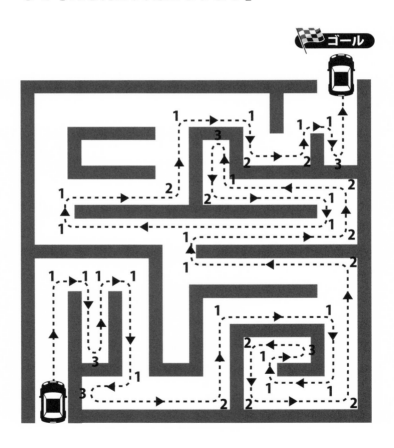

ワトソン「どんなに複雑なプログラムでも、分解すると単純な命令がいくつも組み合わさっているだけってことなんですね」

警部「しかし、小さな命令を組み合わせるだけで、ゲームまで作ってしまうんだから、考えてみればスゴイことじゃな」

ホームズ「逆に言うと、一つひとつの行動を細かく分解することが、プログラムの近道なんです」

ワトソン「なんか、すごく時間がかかりそう……」

ホームズ「だからこそ、プログラムはチームプレーでもあるのです。小さなアリが協力してせっせと複雑な巣を作り上げるのに似ているかもしれません」

チームで作る以上、サッカーや野球と

同じように、プログラムを作るのにも、コミュニケーションや協調性が大切なのだ。

ワトソン「パソコンに向かって黙々と作るイメージでしたが、意外ですねぇ」

ホームズ「またプログラムは、すべてをゼロから組むのではなく、既にある別のプログラムを真似したり、一部を再利用したりするため、他の人が見ても、どのように考えて作られたプログラムなのかが伝わるような工夫も大切なのです」

たとえば、変数の名前にしても、その変数の箱に何が入るのかが想像できた方が、親切でわかりやすい。

39ページの場合なら、『カバン』を『ダイヤを運ぶカバン』にし、『バッグ』を『本物のダイヤを持ち去るバッグ』にするといった感じだ。

　と、ホームズとワトソンが話していると、いつの間にか、チャット警部の姿が画面から消えていた。

ホームズ「さっそく、怪盗バグを捕まえに行きましたか……」

ワトソン「これで解決だと思うと、なんだかドキドキしますね！」

ホームズ「そうですね。でも、この事件はそんなに簡単には終わらないかもしれませんよ……」

　意味深な言葉を残すと、ホームズはプログラムの続きを作るために、パソコンの画面に視線を戻した。

　迷路を脱出するにはいくつかの手段があり、右手の法則は、その中でも比較的簡単で効果的な方法のひとつであるが、ここでは『左手の法則』で動く偵察車のプログラムを考えてもらいたい。

　ちなみに左手の法則は、右手の代わりに左手を使うだけである。ようするに、迷路の入口に立ったら、そこから左手で壁を触りながら進むと、遠回りをしながらも、いつかは必ずゴールにたどり着くという法則である。

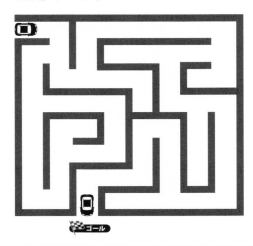

前のページの迷路を使い、左手の法則で動く道順、そのように車を動かすときの命令を考えるのだ。そして、どの命令を使ったら車がそのように動くのかも、右手の法則のときと同様、それぞれの曲がり角に、命令の番号を書いてもらいたい。

　　まとめると、以下のようになる。

1. 左手の法則で動いたときの道順を鉛筆で迷路に書く
2. 鉛筆で書いた線と、同じように車を動かすには、どのような命令が必要か考える
3. 迷路の車が、いくつかの命令のうち、どの命令を使って曲がったのかがわかるように、迷路の曲がり角に命令の番号を書く

解答は86ページ

命令は、右手の法則同様、以下の3つになる。

命令1. 左側に壁がないときは左に曲がり、左側に壁があるときは直進せよ！

命令2. 左側と前方に壁があるときは、右に曲がれ！

命令3. 左側と前方と右側のすべてに壁があるときは、半回転して戻れ！

86

第5章

盗まれた
二七のダイヤ

ホームズ「そうですか……盗まれましたか……さすが怪盗バグですね」

　予告通り、怪盗バグにダイヤが盗まれたとの連絡があり、３人で緊急のチャットをしているのだが、ホームズは悔しがるどころか、余裕な表情を浮かべているのを、ワトソンは不思議な気持ちで見ていた。

　もしかしたらこれは、ホームズなりの強がりなのかもしれない。

ホームズ「逮捕につながるような、何か手掛かりはありましたか？」
警部「足跡もひとつ残らず調べているの

だが、残念ながらこれといった手掛かりは得られていないのが現実じゃ」

ホームズ「新聞やネットニュースでも、怪盗バグがダイヤを盗んで警察に勝利したことになっていますので、これ以上へたな行動をして、自分の失敗がバレるようなことはしないでしょう」

警部「おかげで私は無能な警部と笑いものじゃよ。まぁ、本物のダイヤが無事なら良しとするか！」

と、ホームズと警部が何やら楽しそうに話している。ここでようやくワトソンも、「怪盗バグが盗んだダイヤは偽物で、警部がホームズの指示で怪盗バグに罠を仕掛けた」ということに気がついた。

ワトソンの知らないところで話を進めてしまうのが、ホームズと警部の悪い癖だ。

ワトソン「私も仲間にいれてくださいよ〜」

　と、すねた表情をするワトソンに、「ごめん、ごめん」と言いながら、ようやく今回の作戦を警部が話しはじめた。
　警部の説明によると、ホームズの指示でニセのダイヤを大量に作り、それらを保管していたら、怪盗バグがそのうちの１つを偽物とは気づかずに盗んだというのだ。

ワトソン「しかしガラスのダイヤで、よく怪盗バグのことを騙せましたね」
ホームズ「成分量が違うガラスのダイヤを50個作り、本物のダイヤを保管するような場所に隠しておいたのです」
ワトソン「成分量ってなんですか？」
ホームズ「ガラスの材料は、ケイシャ、ソーダ灰、

石灰石なのですが、それらの混ぜる量を、50個すべて変えて作ったのです」

　怪盗バグとしては、分散して隠してあったダイヤの中から本物を選んだつもりでも、実はそれも偽物だったというわけだ。見た目がすべて違っていたため、ニセのダイヤに混じって、本物もあるはずだと信じていたからに違いない。

ワトソン「それにしても、怪盗バグが盗みに来るなんて、よくわかりましたね」
警部「怪盗バグのアジトへと続く迷路は、ダイヤを盗むための単なる時間稼ぎだとホームズ君が言うんじゃ。たしかに我々が右手の法則で迷路を通過したのは、怪盗バグが逃げてからずいぶん後のことじゃ」
ホームズ「警察が迷路の謎を解いている隙を狙っ

て、怪盗バグがダイヤを盗みに来るんじゃないか
と考えたのです」

　仲間はずれにされて怒っていたワトソンも、ホ
ームズの読みの深さと、何でもすぐに実現させて
しまう行動力に感心していた。

ワトソン「成分量の違うガラスのダイヤを50個も
作るなんて……」
ホームズ「もともと『カメのガラス細工を作る設

【ガラスのダイヤを作る設計図】

ケイシャ

ソーダ灰

石灰石

① 材料を混ぜる　　② 材料を溶かす　　③ ダイヤの形にする

計図』があったので、それを少し変えるだけで、

『ガラスのダイヤを作る設計図』ができたんですよ」

　と、ホームズはワトソンに設計図を見せた。

ホームズ「あとは設計図通りに、ガラスのダイヤ
を作ってくれる工場を警部に探してもらったとい
うわけです」

警部「工場に依頼するときは、下図のようにガラ
スのダイヤのもととなる3つの材料の配分量が書
かれた依頼書を50個分渡すだけで済むのじゃ」

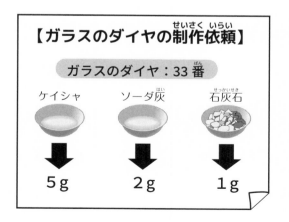

【ガラスのダイヤの制作依頼】

ガラスのダイヤ：33 番

ケイシャ　　　ソーダ灰　　　石灰石

5g　　　　　2g　　　　　1g

ワトソン「警部は依頼書を書くだけで、あとは工場がガラスのダイヤを作ってくれるから、50個もの異なるニセのダイヤが作れたのですね！」

ホームズ「偽物とは知らずに怪盗バグが盗みにきたときに捕まえられたら良かったのですが、そう簡単に捕まらないのが怪盗バグですね」

警部「しかも、証拠すら残さないときておる……」

ワトソン「ところで、今回の作戦も、プログラムの考え方なのですか？」

　ホームズの考える作戦は、プログラムに関係していることを、ワトソンはわかっているのだ。

ホームズ「今回は『クラス』という考え方になります。似たようなものをたくさん作るのに便利な仕組みになります」

ワトソン「第2章に登場した、フルーツジュース

を自動で作ってくれる機械に似ていますよね」

ホームズ「ワトソンさん、なかなか鋭いですね……
自動でジュースを作ってくれる機械の方は、プログラムでは『関数』という考え方になります」

　二人が話し込んでいると、どこからかむしゃむしゃと食べる音が聞こえてきた。腹ペコの警部が、夢中でサンドイッチをほおばっていたのだ！

　その様子を見たワトソンのお腹から「グゥ〜〜」という音が聞こえてきた。赤くなった顔を下に向けたワトソンを気遣うように、ホームズは言葉を発した。

ホームズ「ワトソンさん、わたしたちも食事にしましょうか」

　ということで、サンドイッチを作るためにワト

ソンはキッチンに向かった。フランスシェフ直伝のレシピで作るワトソンのサンドイッチは、ホームズのお気に入りメニューである。

　ワトソンがサンドイッチを持ってくると、待ってましたと口にほおばるホームズ。

ホームズ「たしか、ワトソンさんのサンドイッチも警部のサンドイッチも、同じシェフのレシピだから、見た目も味も同じですよね」
警部「その通りじゃ。いま、私とホームズ君とは、

同じサンドイッチを食べてるということになるな」

　そう言うと、警部は大声で笑った。

ホームズ「警部が作れるくらいなら、簡単ですよね……教えてもらってもいいですか？」

　と、ホームズが興味を持ったので、ワトソンはサンドイッチの作り方の手順を説明し始めた。ここで恩を売っておけば、あとで自分が有利になるかもしれないと思ったのだ。

ワトソン「私の作り方の手順は、パンを１枚取ってバターを塗り、その上に具のハムをのせるの。そして、別の１枚のパンにバターを塗ったら上からかぶせて、最後にパンの耳を切り落として完成。とても簡単でしょ？」

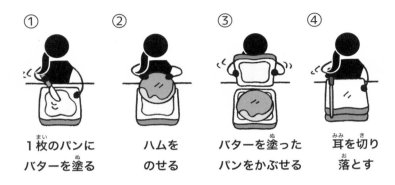

① 1枚のパンに
バターを塗る

② ハムを
のせる

③ バターを塗った
パンをかぶせる

④ 耳を切り
落とす

　ワトソンは、意識して『簡単』を強調しながら
説明した。

警部「ワトソン君のは、シェフから教えてもらっ
た通りの作り方の手順じゃな……実は私のは少し
変えてるんじゃ」

　そう言うと、警部は自分の作り方の手順を説明
しだした。

警部「まず、テーブルにパンをたくさん並べて、全部にバターを塗るんじゃ」

警部「次に、並べてあるパンのうち半分の枚数のパンに、具のハムをのせるんじゃ」

ここまでで半分

警部「そしてハムをのせたパンに、ハムをのせていないパンを重ねていくんじゃ。最後に、サンドイッチをすべて重ねて、パンの耳をまとめて切ったら完成じゃ」

ホームズ「警部が作り方の手順を変えたのは、部下たちの分も作ってあげるからですか?」

　警部の作り方の手順を聞いていたホームズが、探偵らしい推理を披露した。

警部「そうなんじゃ。このサンドイッチは警察内でも人気で、食べるときはみんなの分も作ってあげるんじゃ」

　たしかに警部の作り方の手順は、一度にたくさんのサンドイッチを作ることができる。しかし、少しの量しか食べられない自分には、向いていない作り方だとワトソンは感じた。

ワトソン「警部と私のサンドイッチはレシピが同じだから味や見た目はまったく同じだけど、作る手順が違うってことですね」
警部「結果は同じでも、いろいろな手順というかやり方があるってことじゃな」
ホームズ「<u>プログラムでは、このようなやり方のことを『アルゴリズム』と呼んでいます。</u>いま私が食べているサンドイッチは、ワトソンさんのアルゴリズムで作られたサンドイッチってことになるんです」

作業をする前には、必ずやり方を考える必要が
ある。**効率的な作業をしたいのであれば、その状
況に合ったアルゴリズムを考えることがとても重要**
なのだ。

　たとえば、お母さんから買い物を頼まれたとし
よう。このとき、どの道を通って、どの順番でお
店に行くのかを考えることが、効率的な買い物に
つながる。
　すなわち買い物においては、お店の位置関係や
それぞれの距離、荷物の量などを考えながら、最
適な手順を考えることが大切なのだ。
　ということでホームズは、ワトソンと警部に、
買い物の手順についてクイズを出した。

ホームズ「お二人が、次の買い物を頼まれたとし
ます。

- 重い荷物を送るために郵便局へ行く
- くすり屋さんで目薬を買う
- スーパーで大玉のスイカをまるまる1個買う
- ケーキ屋さんで予約したバースデーケーキを受け取る

お店の位置関係はこちらです。

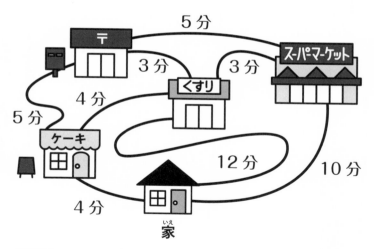

条件として、寄っていないお店の前は素通りでき

ないものとします。その場合、お二人はどの順番で買い物をしますか？」

　しばらく二人は悩んでいたが、警部が先に答え始めた。

警部「私は腰が悪いので、最初に郵便局へ行って重い荷物を出してしまいたいな。その場合、ケーキ屋さんに寄ってから行くのが一番効率的かな」

ワトソン「そうなるとバースデーケーキを持って歩き回ることになりますよね。大切なケーキがぐちゃぐちゃになりそうなので、私はくすり屋さんに寄ってから郵便局かな……先に目薬を買ったとしても、軽いですから」

警部「しかしそれだと、重い荷物を15分も持って歩かないとならないじゃないか。私の道順だと、9分で済むぞ」

　二人とも、手に持っている重い荷物を最初に郵便局に預けるという考え方は同じだが、持ち歩く時間を1分でも短くしたい警部に対し、崩れやすいケーキはなるべく最後にしたいワトソン。
　考え方一つで、選ぶ順路が変わってくるのだ。

警部「私の場合は、郵便局を出てからくすり屋に寄って、最後にスーパーで重いスイカを買い、10分かけて家に戻ってくるから、歩く時間は25分ってことになるのじゃな」
ワトソン「私は、郵便局からスーパーに寄って、一度家に戻りスイカを置いてから、またケーキだけを買いに行きます。これが、スイカもケーキも長い時間持ち歩かなくて済むからベストかな」

　郵便局に預ける荷物同様、重いスイカも持ち歩きたくないのは二人とも共通していた。

まずは郵便局で荷物を出し、帰りにスーパーに寄ってスイカを買うという考え方のようだ。

警部「それだと、38分も歩くことになってしまうんじゃないかね？　私の道順だと、25分で済むぞ」

　ホームズも内心、警部が30分以上も歩くのは無理かもしれないと思った。

ワトソン「そうかもしれませんが、バースデーケーキをそんなに持ち歩いて、いざ食べるときにぐちゃぐちゃになっていたら悲しいじゃないですか」
ホームズ「同じ買い物でも、何を一番に考えるかで、アルゴリズムが変わってくるということです。たとえば、この買い物を徒歩ではなく車で行くとしたら、荷物を持つ行為がなくなるので、『スーパー → くすり屋 → 郵便局 → ケーキ屋』という道順

のアルゴリズムを考えるかもしれません」
ワトソン「たしかに移動時間も短いし、生ものの
ケーキを最後に買うのはいい考えですね」

　このように<u>やり方を工夫して、より良いアルゴ
リズムを見つけることが、より良いプログラムを
作るための第一歩</u>になるのだ。
　しかし、『より良いアルゴリズム』は、そのとき
どきの状況で変わってくる。

買い物の道順が警部やワトソン、車の場合で違ったように、サンドイッチを作るアルゴリズムにしても、警部の手順のほうが良い場合と、ワトソンの手順のほうが良い場合があるのだ。

　警部のやり方は、バターナイフや包丁などの道具をいちいち持ち替えなくていいため効率的だが、パンを並べるための広い場所が必要となる。

　一方、ワトソンのやり方は、比較的狭い場所でもサンドイッチを作ることができるという利点があるのだ。

第6章

キッチンカーで
張り込み

ワトソンがスナック菓子を食べながらソファで
くつろいでいると、行列のできる人気店として、
キッチンカーのサンドイッチ屋がテレビで紹介さ
れていた。

　そこまではよくある内容なのだが、問題はその
後で、人気店の店主として登場したのが、ニコニ
コ顔のチャット警部だったのだ。

　それを見た瞬間、ワトソンがソファからずり落
ちたのは言うまでもない。

ワトソン「ホームズさんは知ってたんでしょ！？知らないのはいつも私だけなんだから……どうして警部が人気店の店主をしているのか、ちゃんと説明してください！」

　ということで、怒っているワトソンに、おびえながらホームズは話しだした。

ホームズ「ガラスのダイヤを盗んでから身を隠したのか、怪盗バグがしばらく静かにしていたのは、ワトソンさんも知っていますよね？」
ワトソン「盗んだというよりは、罠にハマった感じでしたからね……ダイヤが偽物だったことを公に知られたくなければ、静かに身を隠している方が賢明ですからね」
ホームズ「実は、ドチェスター美術館で、怪盗バグの目撃情報があったのです」

111

ホームズがワトソンに話した内容をざっくりまとめると、次のようになる。

　目撃情報といっても、これまで怪盗バグの正体を見た人は誰もいないため、実際はAI搭載の防犯カメラが、怪盗バグと背格好の似ている人物を検知しただけだ。

　それでも念のために、怪盗バグの後ろ姿を遠くから見たことのある警部が張り込みをすることになった。

　美術館ではフランス展覧会が開催されており、フランスからたくさんの絵画が出展されているのだ。これがもし盗まれようものなら、大問題になってしまう。

　しかし美術館は公園の中にあるため、張り込みをするにも場所がない。そこで急遽、公園内に張

り込み用の小さなサンドイッチ屋を作ったのだが
……これが長い行列のできる人気店になってしま
ったというのが、ことの真相だ。

ワトソン「警部が売っているのは、フランスのシ
ェフから教わった、例のサンドイッチなんですか？」
ホームズ「基本的には、例のサンドイッチで間違
いないのですが、パン、メイン食材、野菜、ソー
スを、それぞれ3種類の中から選べるようにしたみ
たいなんです」

　ホームズの話を聞いて、ワトソンは驚いた。
　警部は以下のように、サンドイッチの材料すべ
てを3種類から選べるようにしたのだ。

　パン：食パン、クロワッサン、フランスパン
　メイン食材：ハム、タマゴ、エビ

野菜：レタス、トマト、玉ねぎ

ソース：シーザー、マヨネーズ、チリ

　ここまで本格的だと、怪盗バグの張り込みというより、明らかにサンドイッチ屋のほうを楽しんでいるように見える。

ホームズ「警部は昔から、サンドイッチ屋をやるのが夢だったらしく、今回夢がかなったと張り切っているんです」

ワトソン「テレビで二人だけのお店と言ってましたが、こんなに忙しいのに二人だけでこなせるんですか？」

　こんなにもお店が繁盛するとは想像していなかった警部は、慌ててホームズに助けを求め、プログラムで使われる関数の考え方を伝授してもらっ

たというわけだ。

ワトソン「プログラムの関数の考え方って……たしか自動でジュースを作ってくれる機械でしたよね」

ホームズ「**関数は、プログラムの中で繰り返し使われる手順をまとめたもの**になります。フルーツジュースを作る手順を関数としてまとめたのが、**『自動でジュースを作る機械』**というわけです」

ワトソン「もしかして、警部の店に置き換えて考えると、サンドイッチを作る手順の部分を関数でまとめたってことですか？」
ホームズ「そういうことです。レジに人を雇うことで、警部がサンドイッチ作りに専念できるようにしたのです」

　具体的には、レジの人が注文を取ったり、お客様とお金のやり取りをしたり、ジュースやコーヒーなどの飲み物を作ったりする。
　また、サンドイッチの注文が入ったら、パンの種類、メイン食材、野菜、ソースを警部に伝える。
　警部は注文通りにサンドイッチを作り、完成したサンドイッチをレジの人に渡す。

ホームズ「お客様からの注文を受け、商品を提供するまでのやり取りの中で、繰り返し行われるサ

ンドイッチを作る手順を、『警部の作業』として、
別にまとめたわけです」

　これを図にすると、次のようになる。

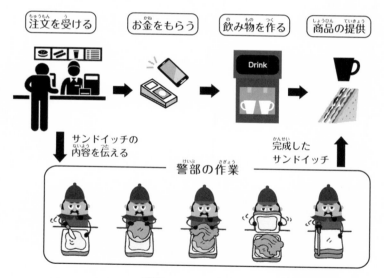

　キッチンカーは狭いため、ここでは狭い場所で
のサンドイッチ作りに適している、ワトソンのア
ルゴリズムの手順を採用した。

ホームズとワトソンが警部のサンドイッチ屋の話題で盛り上がっていたその時、パソコンからチャットを求める音が鳴り響いた。
　驚いたように顔を見合わせるホームズとワトソンだが、なぜかホームズは楽しそうだ。

ホームズ「きっと警部でしょう。ワトソンさん、出てあげてください」

　いやな予感がしつつも、ホームズから言われたのなら仕方ないと、ワトソンは警部のチャットに出た。

ワトソン「警部のサンドイッチ屋、すごく繁盛しているそうでよかったですね！　私はつ

いさっき、テレビで知ったばかりですけどね〜」

　ワトソン的には皮肉たっぷりで言ったつもりが、警部にはまったく伝わらず、逆に繁盛ぶりの自慢話を長々と聞かされる羽目になった。

ホームズ「そんなことより、何か用事があったんじゃないですか？」

　ホームズはワトソンに助け舟を出した。
　このままだと、いつまでたっても話の本題に入らないと思ったのだ。

警部「そうじゃ、そうじゃ、肝心なことを忘れておった。実は先ほど、美術館から用事があると呼び出されたのじゃ」

とうとう怪盗バグから予告状が届いたのかと緊張が走ったが、実際はそんなことはなく、サンドイッチの注文というのが話の内容だった。

ワトソン「怪盗バグではなく、サンドイッチ？」

　テレビで紹介された警部のサンドイッチを見た館長が食べたくなり、美術館で働いている職員全員のランチとして、毎日届けてほしいという依頼だ。

ワトソン「職員全員って、何人分ですか？」
警部「それがなんと60人分らしいのじゃ」

　数を聞いて、さすがにワトソンも驚いた。
　いまでも行列が絶えないというのに、新たに美術館の職員のために60人分のサンドイッチを作

らなければならないのだ。しかも毎日。

　ただ注文した内容は、ひと月に一回しか変えることができないルールにした。といっても警部のサンドイッチは、パンの種類、メイン食材、野菜、ソースを選ぶことができるため、60人の職員一人ひとりに対し、4つの情報を管理する必要がある。

　プログラムの変数でたとえると、職員1名に対し4つの箱（変数）が必要になるため、60×4で240もの変数の管理が必要になる。

　まったく同じサンドイッチを60個作るのとは、わけが違うのだ。

　しかも月が変わり、職員21番のパンの種類がク

ロワッサンから食パンに変わったら、職員21番の
パンの箱を探して、中身をクロワッサンから食パ
ンに変えてあげる必要がある。

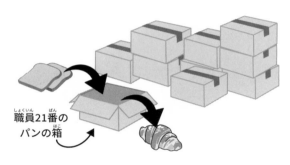

職員21番の
パンの箱

想像以上に難しいはずだ。

ワトソン「断ったらどうですか？」

　さすがに無理だと思ったワトソンは、諦めるよ
うに警部に伝えたが、美術館の近くで張り込みで
きるチャンスだからと、人を雇ってでも引き受け
たいらしい。

ホームズ「では、美術館職員のランチ用のサンドイッチは、プログラムの『クラス』の考え方で対応することにしましょう」

〝ホームズに頼めば、絶対に何とかしてくれる〟という魂胆がみえみえの警部に、〝ホームズさんに甘え過ぎ！〟と、ワトソンは心の中で思った。

警部「クラスは、ガラスのダイヤを大量に作ったときの考え方じゃったな……」

警部が覚えていたことに、意外という顔をしながら

ワトソン「設計図を使って、異なるガラスのダイヤをたくさん作ったんでしたよね」

と、対抗心を燃やすワトソン。

ホームズ「今度はクラスを使って、サンドイッチを作ってもらうことにしましょう」

　というわけで、美術館の職員一人ひとりにメモを渡し、希望する注文内容を書いてもらうことにした。

ホームズ「このメモを見ながら、警部が手順通りにサンドイッチを作ればいいのです」

ワトソン「この方法だと、注文内容を保管した240個の箱を管理する必要はなく、注文内容が書かれた60枚のメモだけ管理すればいいので、とっても楽ですね！」

警部「そうじゃな。しかも、メモには職員の番号も書かれているから、勤務のシフトがわかっていれば、ランチの時間が遅い人の分を後回しにできる」

クラスの考え方を利用したことで、警部の

サンドイッチ屋が、60人分もの美術館職員のランチを毎日届けることができたのは、言うまでもない。

　ただ、肝心の怪盗バグはというと、フランス展覧会が開催されている間に、姿を現すことはなかった。

　それどころか、『怪盗バグがニューヨーク美術館に出現した』という情報により、警部のサンドイッチ屋は惜しまれつつも閉店することになった。

　ところで、ホームズとワトソンは、警部のサンドイッチを食べたのかって？

　警部はサンドイッチ作りに夢中で気づいていなかったが、行列に並んでこっそり食べに行ったことは二人だけの秘密のようだ。

　いつもチャットをしている顔見知りのホームズとワトソンにさえ、まったく気づかぬくらいサンドイッチ作りに夢中になっていたチャット警部。

　これでは、たとえ怪盗バグがドチェスター美術館に現れていたとしても、取り逃していたことは容易に想像できるのであった。

END

チャット GPT 時代の小学生の必読本！

プログラムの基本を知ることで考える力が身につく

2023 年 7 月 7 日　　　第 1 刷発行

著者　　　　　　すわべ しんいち

編集人　　　　　諏訪部 伸一　江川 淳子
発行人　　　　　諏訪部 貴伸
発行所　　　　　repicbook（リピックブック）株式会社
　　　　　　　　〒353-0004　埼玉県志木市本町 5-11-8
　　　　　　　　TEL　048-476-1877
　　　　　　　　FAX　048-483-4227
　　　　　　　　https://repicbook.com
印刷・製本　　　株式会社シナノパブリッシングプレス